人形玩偶的奧秘
美妝＋服裝＋飾品＋道具製作技法

清水 baby 編著

內容提要

想親手為娃娃上妝嗎？
想親手為娃娃製作甜美的飾品嗎？
想親手為娃娃縫製華美的衣衫嗎？
想親手為娃娃製作可愛的家具嗎？

本書介紹人形玩偶的製作過程。圈內幾位經驗豐富的玩偶設計師通力合作，用圖示詳細解析人形玩偶的美妝、髮型、服裝、飾品、道具等幾個方面的製作過程，將多年的設計與製作經驗分享給大家。
本書是關於人形玩偶製作技法的實用指南。希望大家能夠享受親手為娃娃製作貼心小物的樂趣。

國家圖書館出版品預行編目（CIP）資料

人形玩偶的奧秘：美妝＋服裝＋飾品＋道具製作技法
／清水baby編著. -- 新北市：北星圖書, 2019.04
面；　公分
ISBN 978-957-9559-10-2（平裝）

1. 洋娃娃　2. 手工藝
426.78　　　　　　　　　　　　　　108001368

人形玩偶的奧秘
美妝＋服裝＋飾品＋道具製作技法

作　　　者／清水 baby
發 行 人／陳偉祥
出　　　版／北星圖書事業股份有限公司
地　　　址／234 新北市永和區中正路 458 號 B1
電　　　話／886-2-29229000
傳　　　真／886-2-29229041
網　　　址／www.nsbooks.com.tw
E－MAIL／nsbook@nsbooks.com.tw
劃撥帳戶／北星文化事業有限公司
劃撥帳號／50042987
製版印刷／森達製版有限公司
出 版 日／2019 年 4 月
I S B N／978-957-9559-10-2
定　　　價／400 元

目 錄
CONTENT

CHAPTER 1
第一章
粉黛美妝

復古冷豔美妝

1

作者：micole

大家好，我是 micole，是 Amrisdoll 娃娃社的官方化妝師。今天畫了一個復古美妝，我會將許多年的化妝經驗分享給大家，希望能對你們今後的化妝有所幫助。

使用的素頭來自 Amarisdoll 的 4 分娃娃 Berry，膚色為粉普色。

所需材料與工具

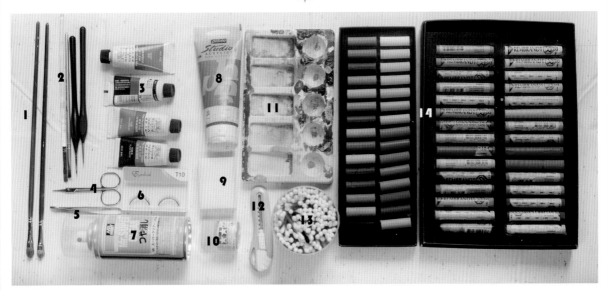

材料與工具

1. 蘸色粉的刷子
2. 畫線條的筆，筆頭的毛需要修剪到只剩幾根
3. 溫莎牛頓牌塑膠管丙烯顏料，塑膠管的丙烯比
   銅管的丙烯更容易保濕
4. 剪睫毛的剪刀
5. 拔睫毛的鑷子
6. 娃娃用睫毛
7. 郡士抗 UV 油性消光

8. 貝碧歐紅色丙烯顏料
9. 科技海綿
10. 田宮水性光油
11. 調色盤
12. 刮色粉棒的小刀
13. 棉花棒
14. 林布蘭蠟筆

製作步驟

01 開始噴第一層消光，使用郡士抗 UV 消光，可以噴得稍微厚一點。

02 選取鋪第一層底色的三支蠟筆，分別為淺西紅粉、橘色、永固紅三種顏色。

03

05

04

03 用小刀分別刮三支蠟筆，淺西紅粉、橘色、永固紅三色的比例是 2：2：1，調和出一個比較溫和的肉粉色。

04 選擇一個扁圓頭的刷子，因為扁圓頭的刷子暈粉較方便。

05 蘸取之前調和的底色，分別刷在腮紅、下巴、耳垂、眼角、鼻頭和額頭中間。

06

07

08

06 選擇一把可以刷到細節部位的小平頭刷。

07 將這把小平頭刷伸進素頭嘴裡，將嘴內比較深的縫隙也鋪上底色。

08 第一層底色鋪設完成。

11

09

10

09 使用土黃色蠟筆，如步驟 03 一樣刮出色粉末。

10 蘸取土黃色粉末繪製眉毛的底色。

11 眉毛底色繪製完成。

12 將土黃色蠟筆和深棕色蠟筆刮出 1：1 的粉末並調和。

13 進行眼部打底，刷在雙眼皮內和下眼眶。

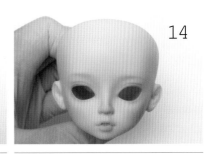

14 眉毛及眼眶底色繪製完成。

15 因為整體妝容是復古風，所以接下來使用天藍色的蠟筆。

16 用刷底色的刷子，在餐巾紙上塗抹乾淨。

17 蘸取天藍色的色粉末，抹在高光的位置，比如眉弓、眼尾、額頭之類。

18 畫完高光之後，第一層底色繪製完成。使用郡士抗 UV 油性消光，噴一層定妝，輕薄程度以噴上去即乾為標準。

19 使用溫莎牛頓的金色及熟褐兩個丙烯顏料調出下睫毛線條的顏色。可以稍微多加一點水，這樣畫起來會順滑一些。

20 用修剪過的極細勾線筆，開始畫下睫毛。將下睫毛畫得順滑、筆觸清晰，是需要練習的。如果每天都練習，大約 1 個月就可以畫出漂亮的睫毛。

21 在畫的過程中如果有需要修改的地方，可以用田宮水性稀釋液將線條擦除。因為使用油性消光來定妝，所以水性的稀釋液是不會融化下面底色的，這可是我化妝多年的經驗分享哦！

22 用棉花棒蘸取一點水性稀釋液，擦除不滿意的地方。請注意一定要在噴過油性消光後才可以進行這一步哦！

23 接著使用熟褐色的丙烯顏料，畫眼線。

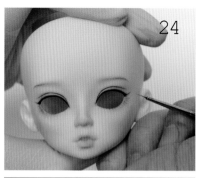

24 選擇熟褐色畫眼線，是因為我想呈現一個溫柔的美妝。如果喜歡眼神特別犀利的話，可以用黑色丙烯顏料來畫。

25 眼尾微微翹起，眼線繪製完成。

26 接下來用熟褐色加一些大紅丙烯調和出的顏色將嘴縫裡面填滿，可以使嘴巴更立體。

27 嘴縫的繪製需要非常小心。

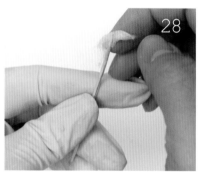

28 如果不小心將顏料沾到嘴唇上，可以將牙籤纏繞一點棉花，製作成尖頭棉花棒。蘸一點水性稀釋液擦掉不小心沾在嘴唇上的顏料。網路上也可以買到尖頭的模型棉花棒，可以直接使用，但還是用牙籤會更細一點。

29 嘴縫完成。

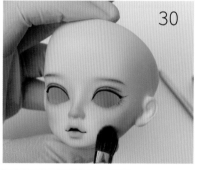

30 因為嘴縫比較深，我們要等裡面的顏料充分晾乾後才可以繼續畫嘴唇。所以現在使用之前三種顏色調和的底色來加深腮紅、下巴以及鼻頭的部位。

31 開始畫眼妝，使用了這兩支蠟筆來加深眼妝，由於彩妝最後的效果想要呈現一個溫柔古典風格的姑娘，所以使用了偏紅的棕色。

經驗分享：由於每一層消光的色粉附著度是有限的，所以我們需要噴多層消光來加強色粉的附著力。

32 在雙眼皮的內側畫上了比較深的棕色。

33 使用自製的尖頭棉花棒將眼眶內裡面的下眼線擦乾淨。

34 眼眶內擦乾淨，準備畫眼皮內側。

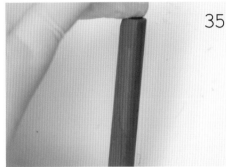

35 因為希望眼皮內側的顏色飽和一些，我選了一個比較深的紅色色棒。

36 畫的時候在眼眶裡塞一張紙巾頂住，用平頭刷刷粉。

37 在之前嘴縫使用的丙烯顏料裡，再加入一點點紅色和較多的水，調出了一個相對透明的顏色細化眼肉。如果不喜歡太紅的話，可以選擇粉色顏料。注意眼眶內不要全部畫滿。盡量畫在內眼眶裡，細細的畫一條線即可，眼皮內側完成。

38 嘴唇內的顏料已經乾透了，在嘴唇中部和內部刷上同樣的紅色。注意一定要乾透，如果不能掌握乾燥的時間，寧願等候較長的時間。

39 嘴唇加深後，整體檢查一下美妝是否左右對稱，然後噴第三層郡士抗 UV 油性消光定妝。第三層消光也要噴得薄一點，以噴上去即乾為準，定妝後就要開始繪製最後的細節。

40 選大紅色丙烯，加入大量的水，調出一個相對透明的顏色畫唇紋。

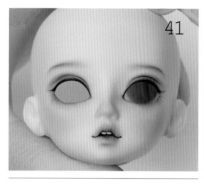

41 用深紅色將嘴唇內部加深和之前畫的深色唇縫有更好的銜接。然後用白色的顏料繪製嘴唇裡面的兩顆小牙。使用筆尖沾一點水調和顏料，使顏料更順滑一點。需注意水不能太多，因為水太多的話，顏料就會變得透明，沒有覆蓋力。接著再薄薄地噴一層消光定妝。

42 使用之前用過的金色丙烯，完成眼妝的最後一步。

43 為了呈現更古典的感覺，並且使彩妝更豐富，雙眼皮更立體，使用金色在眼線外圈勾一條線，有時會使用白色畫此步驟。

44 眼妝繪製完成。

45 等完全乾後使用田宮水性光油。

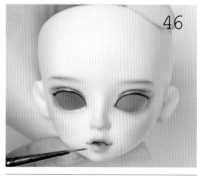

46 換一隻光油專用筆開始上光油。光油會毀壞筆，建議不要買太貴的筆。因為消光用的是油性，所以使用水性光油就不會有將底妝弄花的問題。如果是新手，不推薦使用油性光油。在棕色眼線的位置和嘴唇的位置塗上光油。

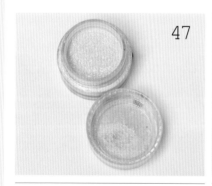

47 彩妝最後使用亮粉點綴。請不要使用人用眼影盤，因為眼影盤的眼影會讓妝容變灰，請盡量選取粉狀的亮粉。

48 最後使用大刷子蘸取散粉刷在臉上。

49 這是為了突顯妝容的古典效果，如果不喜歡亮亮的感覺，此步驟可以省略。

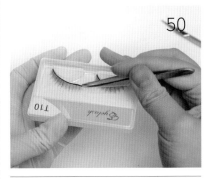

50

50 用鑷子夾住睫毛的邊，取下一根睫毛。

51

51 根據眼眶的弧度測量出所需睫毛的長度。

52

52 將睫毛修剪。

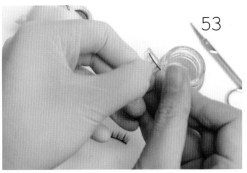

53

53 使用油性光油或睫毛膠水抹在睫毛的邊緣。使用的是一瓶比較舊的光油，因為光油放久了，就會變得黏稠，如果使用的是新光油的話就需要多晾一下。

54 貼睫毛的時候用鑷子夾住，從眼尾往眼頭貼。先貼住一端，然後用鑷子將剩下的睫毛壓緊在眼眶內，貼住後不要移動，不然會破壞下面的彩妝。如果不想用光油貼睫毛，你也可以用其他膠水。

55 睫毛貼完，充分晾乾後，彩妝完成。

54

55

完工了！

二次元卡通美妝

作者：王戀戀
文字：清水 baby

大家好，我是王戀戀，是一個喜歡二次元的女孩子，畫過各式各樣的二次元頭。很高興能在這裡和大家分享二次元美妝的心得。本次主要使用了與丙烯或是模型漆相比更能簡單上手的色鉛筆，希望更多人能喜歡化妝。

素頭是來自 POPMART 出品的娃娃 Viya Doll。

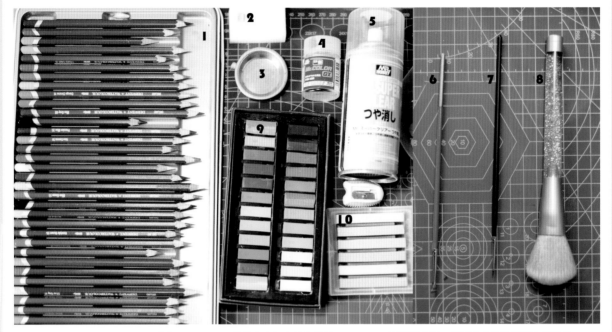

材料與工具

1. 英國 DERWENT 得韻專家級水性色鉛筆
2. 科技海綿
3. 調色鐵盤
4. 郡士光油
5. 郡士消光
6. 平頭筆若干，不同大小號的筆請自行準備
7. 尖頭面相筆一根
8. 腮紅刷一枝
9. 雄獅軟性粉彩
10. 櫻花牌珠光粉彩

製作步驟

01 噴第一層消光，請將消光在離娃娃頭 20cm 左右的距離均勻噴在臉上。最好是無塵環境，否則容易在頭上黏上小毛屑。另外一定要注意通風，10 ～ 30 分鐘晾乾，可以噴厚一點。

02 用淺黃色色鉛筆打底，並為眼線定位。

03. 定好位後用深棕色色鉛筆直接覆蓋，塗成棕色眼線。

04. 如果眼角處畫不好的話，可以用科技海綿輕輕擦掉。

05. 用深棕色色鉛筆重複塗滿，並將下眼線也畫上。

06 繼續用深棕色將嘴角點出來，嘴角的變化可以表達開心或者不高興。這次我們畫了微笑嘴角。

07 接著準備畫眉毛，一般新手最大的問題就是高低眉，在這裡教大家一個把眉毛畫得對稱的小技巧。找一個皮尺貼在頭上。

08 再用淺色色鉛筆將眉頭眉尾點出來，共計4個點。怕大家看不清，特地用紅色圈了出來。用同色系的筆將兩邊眉毛的點都連起來。

09 用和眼線一樣的深棕色色鉛筆將眉毛也勾成深棕色。

10 補上雙眼皮線。

11 基本上深色線條都已勾勒出來。結束線條的勾勒後可以再噴一層消光以保護線條。

12 使用平刷頭蘸取粉彩色粉。

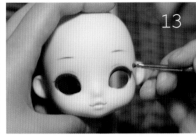

13 刷上眼影。

14 用稍深的肉紅色刷出腮紅和唇色。

15 在臉部兩頰刷上腮紅,並使用平頭刷將嘴唇鋪上肉紅色。

16 現在基本妝容已經出來,再用白色色鉛筆增加一些細節。眉毛、雙眼皮和眼線均可以適當增加白色高光。

17 為了突顯娃娃的可愛特點,我習慣將內眼角和鼻頭也刷成可愛的粉紅色。

18 最後用大的腮紅刷,刷上閃亮亮的亮粉,我個人一般用天然的礦物質粉。淡淡刷一層,肌膚就會很有光澤。鋪完亮粉後可以繼續噴一層消光定妝。

19 用面相筆蘸取光油,將嘴巴塗亮。建議將光油取一部分放在鐵質的調色盤裡,再加一些稀釋液稀釋會比較好塗。當然喜歡油亮效果的話,直接塗也沒問題。

完工了!

拍個定妝照。
這裡我們只塗了一點點光油,
晾乾光油就完工了!
根據光油厚度不同,
建議晾 3 ～ 6 小時。

自然可愛風美妝

作者：紫霄團團
文字：清水 baby
攝影：骨頭

大家好，我是紫霄團團。今天為大家分享我的化妝心得，其實我接觸化妝才一年左右的時間，但是非常喜歡給娃娃化妝。怎麼說呢！彩妝算是賦予娃娃靈氣的重要部分吧！那麼接下來我就畫個偏森系的自然可愛風的彩妝好了。

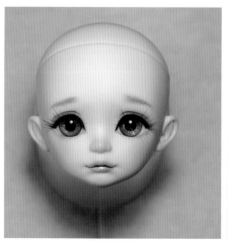

素頭是 Comibaby 的 6 分 Peridot，膚色為普肌色。

材料與工具　本次化妝使用的東西，可能拍的不是很齊全，但是基本需要的應該都拍了。櫻花牌粉彩棒若干、丙烯顏料若干、面相平頭筆刷若干、科技海綿、郡士的 Mr.RETARDER MILD 手塗筆痕消除劑、調色盤、郡士光油、郡士消光、眼睫毛、小鑷子、棉花棒以及刮刀等。

製作步驟

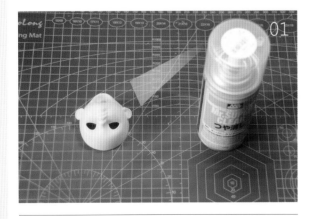

01 噴打底消光。消光的主要目的是防止顏料在娃娃體上染色，其次能讓粉彩更好著色於臉上。由於粉彩和丙烯都是水溶性的，而消光是油性的，如果有拿不準的、要修改的，可以每畫完一層就噴一下。這樣修改起來會比較方便。

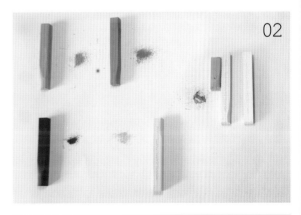

02 用小刀將粉彩刮下來，這樣比較方便混合顏色，也比較容易上色。本次會用粉色、紅色、深棕色、奶油色、橘色、淡粉色和珠光白色混合的棕色。

03 先用粉紅色散粉畫腮紅和打底。

04 用平頭刷將粉彩打在額頭、顴骨、下巴，塑造可愛的感覺。再用紅色將嘴唇打底。

05 用紅色和粉色將內眼角和下眼眶塗紅，紅紅的眼圈有點委屈的感覺。

06 用混合的棕色將眉毛的位置和眼影底色刷出來，基本的定位完成。此時噴下第二層消光。

07 純黑色可能會有點呆板，為了打造自然的感覺，我選擇熟褐和黑色畫眼線。如果覺得筆痕有點嚴重，可以加少量的水。

08 剛畫好時，如果需要修改，可以直接用棉花棒蘸水擦掉。

09 用赭石、土黃和鈦白畫眉毛以及眼線。

10 先將眉毛中心線畫出來。

11 先將左側眉毛畫好，這樣之後比較好對比。繪製右邊眉毛時，可以順著畫好的中心線從眉頭畫第二條線。

12 順著中心線上面畫一筆、下面畫一筆，這種畫法會畫得比較對稱，畫到眼尾。眉毛完成。

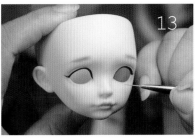

13 選用下睫毛的顏色和眉毛一樣。一筆一筆以放射狀的形式畫好。如果你想問手抖或者畫得不對稱怎麼辦，這種問題在剛開始畫的時候經常會發生。練習的過程沒有捷徑，找個水煮蛋一直練習就好了。

14 下睫毛繪製完成。

15 分別用熟褐和深紅色畫眼線和唇線。

16 畫好眼線和唇線之後，此時我們小可愛的基本即畫好，可以在色彩上作微調，讓整體更協調。

17 增加眉毛的陰影，加重了腮紅和唇彩，在眼影上也刷了點粉紅色。然後為了突顯森系、自然、可愛的樣子，我又加了小紅鼻頭。接著噴消光，定妝。

18 上光油，如果覺得不好塗開，可以加一點筆痕消除劑。

19 美少女水潤閃亮的眼睛是必不可少的一部分。所以我們先用面相筆蘸取光油，將下眼眶和上眼眶塗亮。

20 再把嘴巴均勻地塗好，晾乾。

21 開始貼假睫毛。

22 將人用的假睫毛整段放在眼睛上,對比一下長度並剪開。

23 將梗彎軟,這樣會比較貼合。

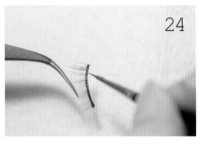

24 用鑷子夾著前端,塗好光油,貼在眼眶上就大功告成了。

完工了！

CHAPTER 2
第二章
雲鬢秀髮

馬海毛假髮製作

作者：大㮱　攝影：清水 baby

材料與工具　白乳膠（我用的是進口的白乳膠，其實和普通乳膠區別不大）。適量馬海毛髮（這裡只展示一小部分）。刷乳膠的筆、油畫板（千萬不要撕掉表面的塑膠紙哦）！

製作步驟

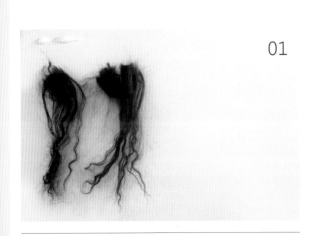

01

01 在板子上塗上白乳膠，然後用筆刷刷勻。把頭髮分成一小撮一小撮的。

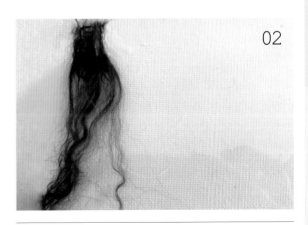

02

02 將馬海毛放上去，繼續刷白乳膠。

03 橫向貼馬海毛。

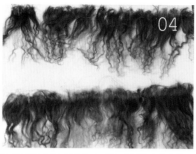

04 然後無限循環，一直貼，就變成圖中的樣子，準備足夠的量即可。

05 等白乳膠乾透後，將髮片撕下來，用剪刀剪齊，備用。

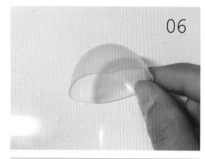

06 準備一個膠頭套或者用布面自己做個髮網也可以。

07 切出合適的大小並空出耳朵的位置。

08 將頭套戴在娃娃頭上，在頭套上按需求畫出要貼頭髮的位置。

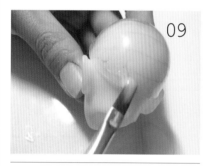

09 按所畫痕跡，在頭套上塗上白乳膠。

10 然後將剪好的頭髮按畫好的線貼上去。

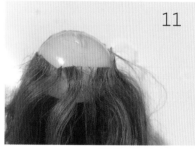

11 按所畫痕跡貼一層髮片。

12 一定要按之前設計好的線依次貼髮片。

13 由後往前貼。

14 貼到中間最後兩層需要特別仔細。

16 最後兩片髮片一定要左右貼。

15 這次做的是中分的髮型，所以在貼到中間時，記住左邊的頭髮要向右邊貼，右邊的頭髮向左邊貼。然後翻過來，即是中分髮流。要貼一下，按一下。

17 將最後一片翻過來，壓下去，就是中分的髮型。

18 記得壓平等乾哦！

19 為了自然，可以在髮套內側貼一片髮片。

20 塗一層白乳膠之後，貼髮片。

21 反向摺上去。

22 用夾子夾住，定型。

23 用捲髮棒捲出瀏海和弧度。如果是高溫，溫度不要超過 120℃；非人造毛髮不要超過 160℃，不然會融化。

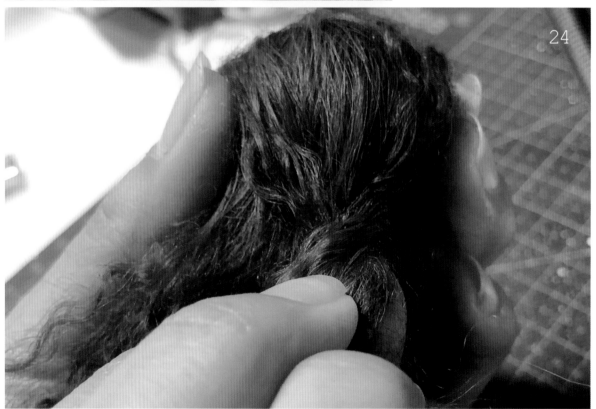

24 完成後覺得兩邊有點蓬，將側面頭髮綁一下。夾個髮夾，最後用髮網圈住、定型、等乾。

完工了！

本案例中的娃娃是 Bouclette-Coco ver 2.0。

2 空氣公主風編髮

作者：清水 baby

女孩子總是喜歡美的，我自己平時也喜歡給自己的孩子編編頭髮，換換風格。研究了很多編髮，在這裡教大家簡單的編髮方法，希望大家喜歡。

所需材料與工具

材料與工具

假髮、假髮撐、假髮護理液、定型噴霧、梳子、橡皮筋。如果沒有假髮撐，可用娃娃替代。記得戴塑膠袋，保護彩妝。

製作步驟

01 先給假髮噴一些假髮護理液，讓它順滑、不毛躁。

02 從頭頂挑出一撮頭髮，在中間定位。

03 將一撮分成三。

04 將最左側的頭髮壓住中間的,將最右側的頭髮壓住左側的。

05 從頭的左側再挑出一撮和最開始分開的三撮差不多粗的頭髮,然後將它和最開始中間的那撮併成一撮。

06 將一開始最左邊那撮,現在是最右側的一撮,在合併的兩撮上並從右邊對稱挑出一撮合併。

07 現在輪到編最右側的一撮,將它壓在剛合併的兩撮上,並繼續從左邊挑出一撮與之合併。

08 重複之前的過程,將最開始中間的一撮壓剛才合併的那撮,並對稱從右側挑出一撮,合併成為新的一撮。

09 重複之前的過程,過程中有毛躁的小細髮,就用假髮護理液噴一噴。

10 如果是直髮,就可以一直編到最後的,不過本次用了捲髮棒,後面的頭髮有點毛躁,所以我們就編到這裡吧!用透明橡皮筋綁好。此時,注意調整上面幾撮挑髮,保持編髮的對稱。

11 編髮完成。

12 為讓編髮更好看，在左側編一個麻花辮。
編法和之前的一樣。

13 將右側頭髮照同樣方法編好。

14 將編好的髮辮綁在中間，噴上定型噴霧，
再繫上漂亮的蝴蝶結。

完工了！

CHAPTER 3

第三章

仙女裙裝

幻境古典洋裝

我是個什麼都喜歡做的人，除了假髮以外，我也經常做一些自己喜歡的衣服販售。現在分享給大家的也是我目前在販售的一個基礎款洋裝。在這個款式的基礎上，可以衍生出很多不同的款式，希望你們喜歡。

作者：大森
文字／攝影：清水 baby

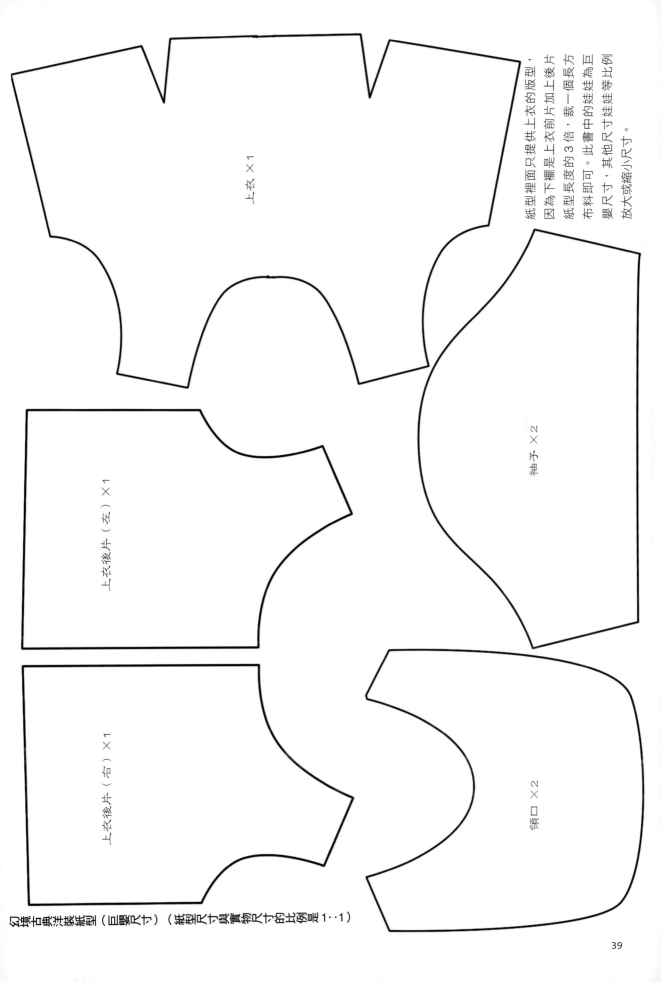

上衣 ×1

上衣後片（左）×1

上衣後片（右）×1

袖子 ×2

領口 ×2

紙型裡面只提供上衣的版型，因為下襬是上衣前片加上後片紙型長度的3倍，裁一個長方布料即可。此畫中的娃娃為巨嬰尺寸，其他尺寸娃娃等比例放大或縮小尺寸。

幻境古典洋裝紙型（巨嬰尺寸）（紙型尺寸與實物尺寸的比例是1：1）

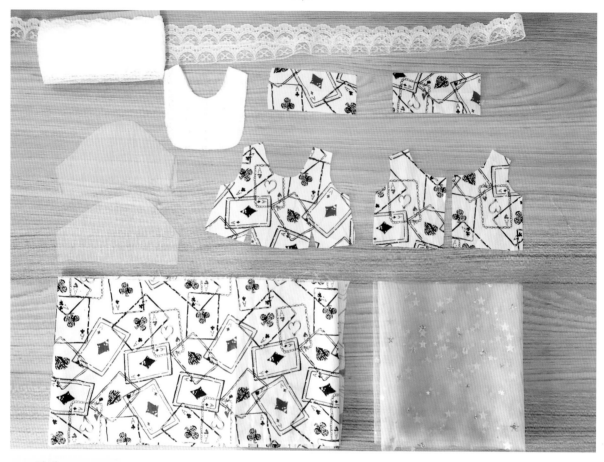

材料　　　　　　各種布料、蕾絲、緞帶、紙板等。

製作步驟

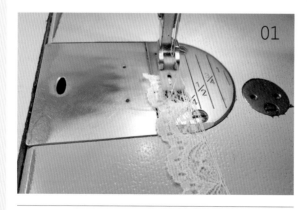

01 先將領口蕾絲抽褶，因為使用的蕾絲比較短，用手抽褶的方式即可，透過拉底線調整褶皺的大小和密度。蕾絲的長度為所需長度的 1.5～2 倍。

02 抽褶後的蕾絲。

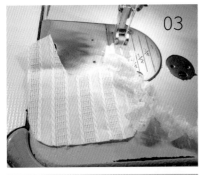

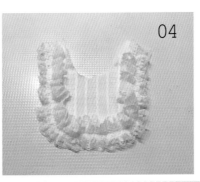

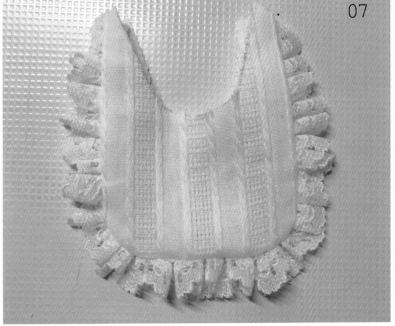

03 將蕾絲沿著領口縫合，注意這個部分布料需要是正面。

04 縫合完成。

05 將領口第二片面對蕾絲縫合。

06 縫合後，將蕾絲翻過來。

07 翻過來之後，蕾絲即可整齊地縫在裡面。

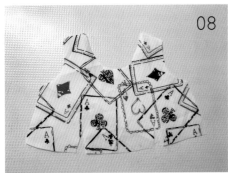

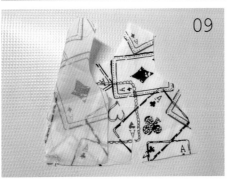

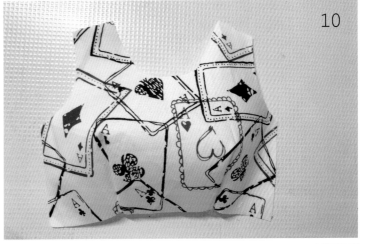

08 現在開始縫合上身的部分，先將下面兩個腰縫縫合。

09 可將左側布料疊起來，縫合即可。

10 右側縫合和左側一樣。

11 將剛才做好的領口縫合在上衣上。

12 再將後片肩部和前片縫合，注意布料的正反面。

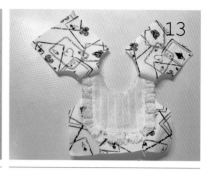

13 縫合完成，放在旁邊備用。

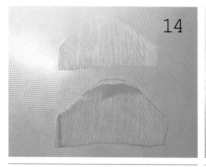

14 開始縫袖子。

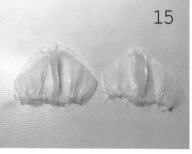

15 因為想要一個可愛的泡泡袖，於是在上下位置稍稍抽一點褶皺。

16 袖口對摺縫合。

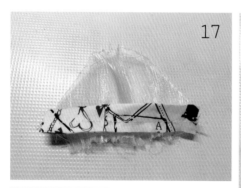

17 將縫合好的袖口和袖子下襬放在一起，縫合。

19 將袖子正面對上衣正面，縫合在上衣上。

18 左圖是縫上的樣子，下縫線會被隱藏在裡面，袖口完成 。

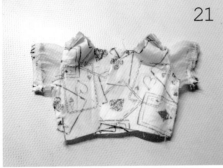

20 再將袖子和衣服側面進行縫合。

21 兩邊都縫合完成。

22 正面完成。

23 上衣的最後步驟，將領口向內摺邊、縫合，領口圓滑的角度是考驗技術的部分！

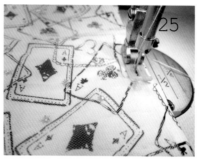

24 開始縫合裙襬，本次使用了兩層不同材質的布來增加質感。

25 因為只是想增加質感，而不是在腰上堆兩層厚厚的抽褶，所以這裡先將兩層布料沿著四邊先縫合在一起。這樣可以防止布料抽褶時移位。

26 適當修剪裙邊，將蕾絲縫合，並塗上防綻液。

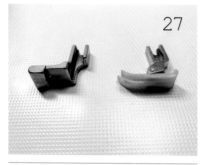

27 此時換上抽褶壓腳。左邊為抽褶壓腳，右面為普通壓腳。將裙襬腰部抽褶。

28 抽褶壓腳的好處是比手抽的抽褶更均勻。

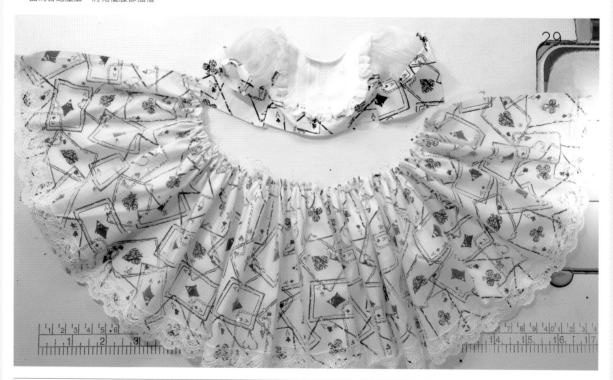

29 將裙襬與上衣縫合。

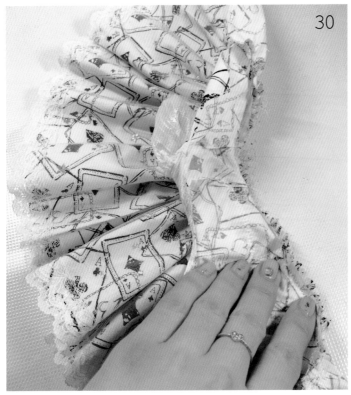

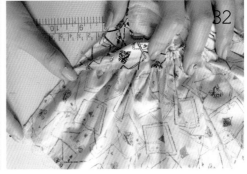

31 正面呈現圖。

30 縫合後反面呈現圖。

32 將裙襯兩面對摺，縫合下半部分。

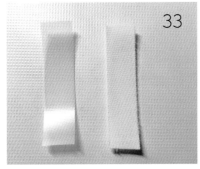

33 準備適當長度的 AB 魔術貼。

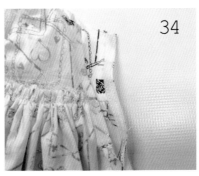

34 在上半部分，裙子後面縫上 AB 魔術貼即可。

35 為了美觀，可以在領口添加自己喜歡的鈕釦或裝飾品。

36 黑白愛麗絲的感覺還是和珍珠、蝴蝶結比較搭。這裡我使用了 B-6000 手工膠進行黏合。

37 貼好半面珍珠後是不是萌萌
的？衣服完成。

完工了！

森系連衣裙

我開始認真做娃娃衣服也有五六年了，個人的風格基本是運動休閒小可愛風。很榮幸收到清水 baby 的邀請，和大家分享一下我做娃娃衣的心得。這次分享的是 Comibaby 家 Mini 系列小可愛 Peridot 的連衣裙套裝。

作者：Akira- 兔子
文字 / 攝影：清水 baby

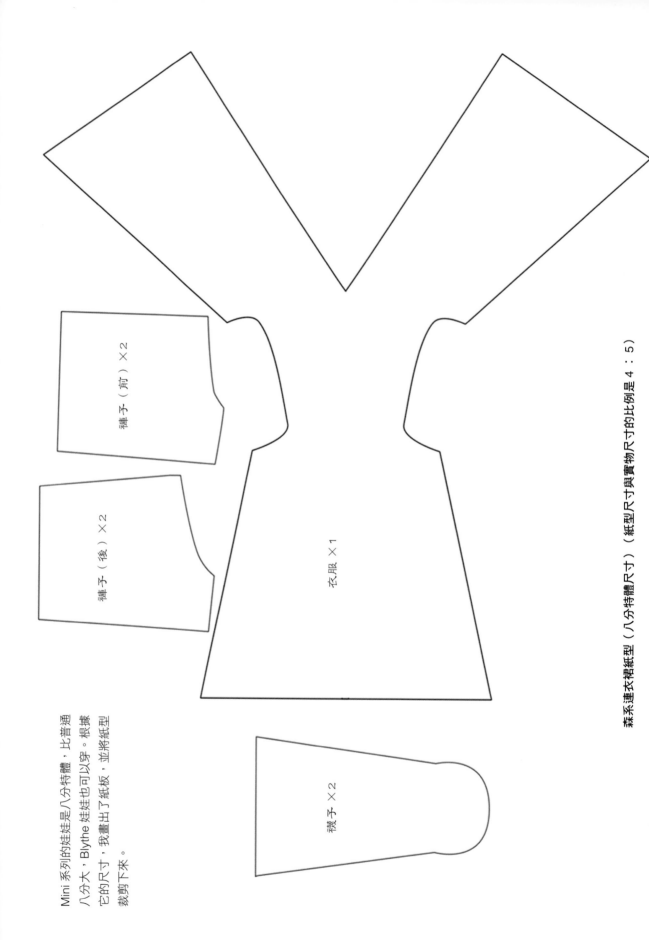

褲子（前）×2

褲子（後）×2

衣服 ×1

襪子 ×2

森系連衣裙紙型（八分特體尺寸）（紙型尺寸與實物尺寸的比例是 4：5）

Mini 系列的娃娃是八分特體，比普通
八分大，Blythe 娃娃也可以穿。根據
它的尺寸，我畫出了紙板，並將紙型
裁剪下來。

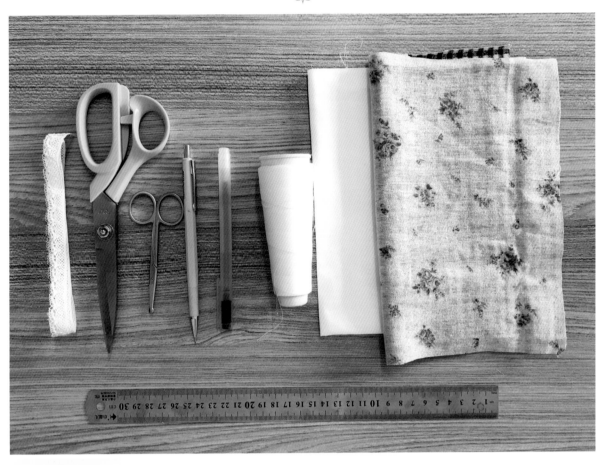

材料與互具　　需要準備各種布料、蕾絲、剪刀、縫紉機、水消筆、尺、線等。

製作步驟

01 將紙型放在布上，用水消筆沿著紙型描畫並裁剪。本紙型已經預留 0.5cm 的縫線布料。

02 這裡從簡單到複雜教學。先來做最簡單的襪子。將襪子口向內摺 0.5cm。注意襪子要使用彈力布。

03 用縫紉機豎著縫好。

04 縫好後的呈現圖。

05 從中間對摺，沿著邊用縫紉機縫到底。襪子就完成啦！是不是很簡單呢？

06 開始做打底彈力小內褲。

07 小內褲是兩片版，每個版各剪兩片。先將一組有弧度的縫在一起。

08 縫合完成。再將另外兩片直線部分和之前的縫在一起。

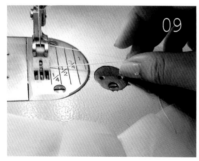

09 將縫紉機的底線換成彈力線。

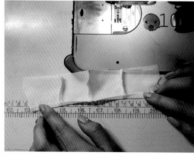

10 將褲腰摺疊。

11 用彈力線將褲腰車縫，可以縫兩次彈力線。

12 再將褲管縫好。

13 換回普通線，將小內褲對摺，縫合。

14 就成了現在的樣子。

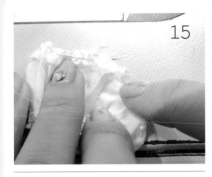

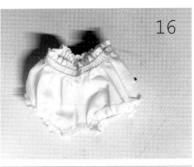

15 現在將它展開，把剛縫好的褲線放在正中間。將上面的橫口縫合。

16 小內褲完成。

17 把蕾絲用縫紉機直踩後，拉住一根線，抽出褶皺。一般來說，如果想要很多褶皺的效果，就準備所需長度的兩至三倍長的蕾絲。

18 將抽好的蕾絲放在旁邊，待用。

19 先把三片中領子的地方摺邊，縫好。可以摺一摺或兩摺。

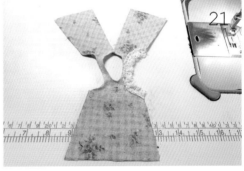

21 同樣縫好兩側胳膊處，翻過來，縫上蕾絲。蕾絲要放在正面，頭尾記得倒針一下，確定蕾絲不會散開。

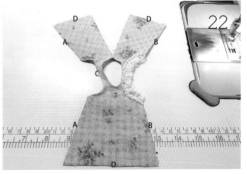

20 縫合完成。

22 按以下順序縫合：在C處縫上蕾絲。再將圖中A和A、B和B分別對應，縫在一起。在D處縫上蕾絲。

23 縫合完成。

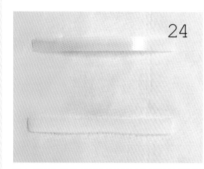

24 準備超薄娃娃衣用魔術貼。

25 記得魔術貼的 AB 面，一面縫在布料的正面，一面縫在布料的反面。

26 貼上喜歡的配飾，加上蝴蝶結、珍珠等。

27 一套小衣服完成。

完工了！

53

3 小尖領套裝

文字／攝影：藍月
作者：張喵喵

大家好，我是張喵喵。非常有幸能夠在書中分享我的製衣過程。希望大家喜歡。

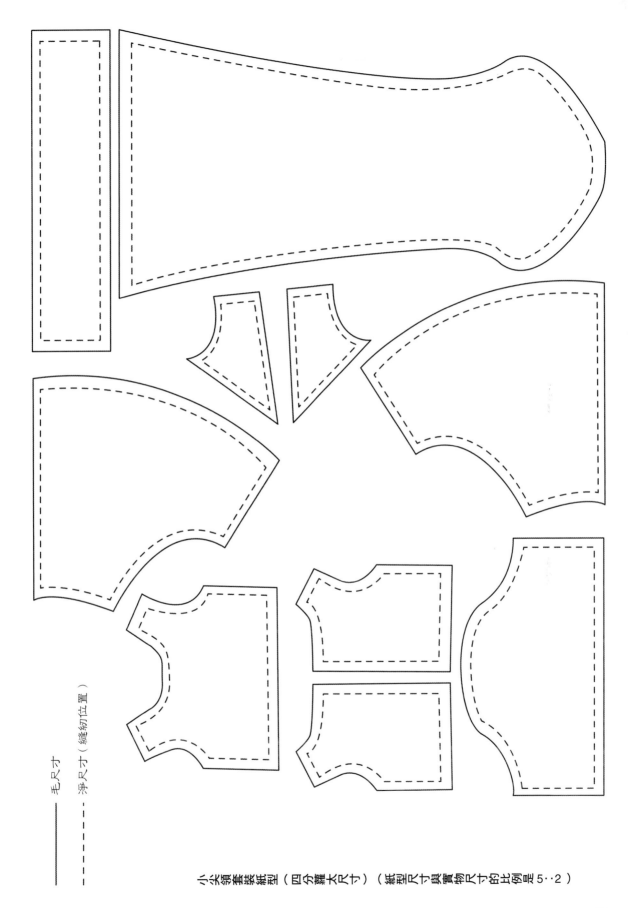

毛尺寸

淨尺寸（縫紉位置）

小尖領套裝紙型（四分羅太尺寸）（紙型尺寸與實物尺寸的比例是 5：2）

所需材料與工具

材料

1. 白色絲綿
2. 藍色細網紗
3. 藍色緞帶
4. 真絲緞帶
5. 針插與大頭針
6. 寬彈力蕾絲邊
7. 織錦帶
8. 細山道水兵帶
9. 流蘇絨線
10. 裝飾小五金
11. 單面軟襯
12. 進口鮮染格子布
13. 寬山道水兵帶
14. 橙色蕾絲花邊
15. 淡藍色緞帶
16. 裝飾珠子

工具

1. 鋼尺
2. 剪刀
3. 水消筆
4. 尖頭鑷子
5. 皮捲尺
6. 打火機
7. 蠟質劃粉
8. 蒸汽熨斗

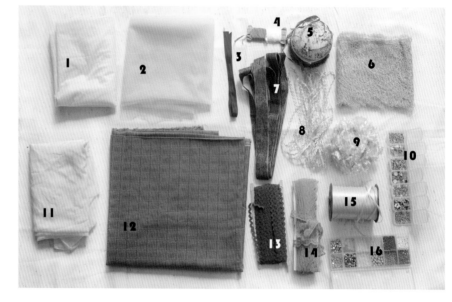

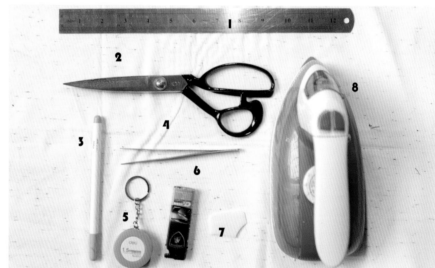

搭配小紙樣的製作

我要向大家推薦一個小竅門：在正式做衣服之前，準備好搭配小紙樣。這樣可以非常直觀地看到衣服的效果。

正　背

先在較硬的紙片上畫出衣服正面的設計圖，然後剪下並翻過來，在上面畫上背面，就像我們玩的紙娃娃遊戲那樣。

將紙樣套上塑膠袋，用膠水貼上所選取的布料和花邊。這樣就能大致看出這件衣服的最終效果。滿意的話，就可以按照這個搭配正式製作。

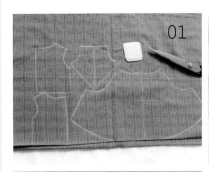

01 先將紙型剪下並放在布料上,用蠟質劃粉沿著紙型的邊緣畫出形狀。

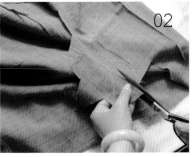

02 用剪刀沿著剛才畫的劃粉痕跡剪下布塊,待用。

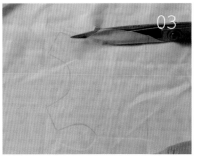

03 因為上半身所使用的絲棉布料比較柔軟,所以要做雙層,並在裡面的一層布料上先燙單面軟襯。用藍色的水消筆沿著紙型在單面軟襯上畫出形狀。

04 因為有一面遇熱會產生黏性,所以要將剪好後的單面軟襯反過來放在白色絲棉上,以免在熨燙時黏在熨斗上。

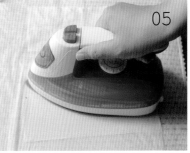

05 一定要將蒸汽熨斗的蒸汽打開,然後小心地將單面軟襯燙在白色絲棉布料上。

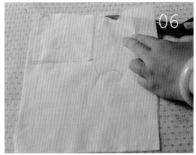

06 冷卻後沿著形狀剪下,作為上半身的夾裡布,待用。另一層不用燙襯,直接剪下待用。

07 將藍色的網紗對摺四遍後,用尺測量出需要的長度。

08 為避免剪歪,可以畫一條參考線。

09 用剪刀沿著參考線將網紗剪下,待用。

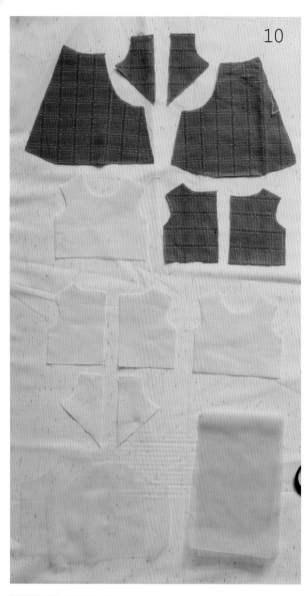

10 將所有的單片都剪好後，開始縫紉。

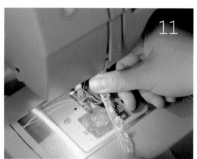

11 先製作褲子外圈的網紗下襬，使用流蘇絨線縫在網紗的最邊緣。

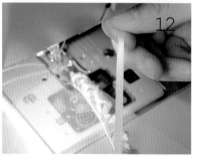

12 為了美觀，在流蘇絨線的上面縫一條淡藍色的緞帶。

13 不夠熟練的朋友可以分兩次完成。

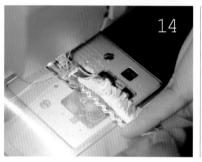

14 縫好後，在上面縫上一條細山道水兵帶，放在旁邊待用。

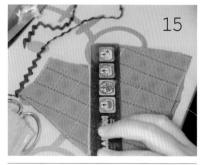

15 然後在褲片上需要縫花邊位置畫上參考線。

16 將寬山道水兵帶沿著參考線縫好。四個褲片都是同樣的步驟。

17 將正面的兩片褲片縫上。花邊要對齊。

18 有縫紉機的朋友可以鎖邊。

19 使用橙色的蕾絲花邊裝飾褲腳管，蕾絲正面與布料相對後縫合。

20 縫好後翻過來再縫一遍。四個褲片用同樣的步驟，將花邊都縫好。

21 將前褲片和後褲片對齊。

22 將前後褲片縫在一起。

23 縫好後檢查花邊是否對得整齊。

24 用彈力線來做褲腳收口，先用劃粉在褲腳彈力線的位置上標出記號。

25 沿著劃粉的痕跡縫上彈力線。縫好後，彈力線就會讓褲腳形成收口的效果。

26 正面完成。

27 在襬縫處沿著中間再縫一遍，這樣的做法是為了讓襬縫更平滑。

28 將之前縫好花邊的網紗用大頭針均勻地別在腰縫處，製作抽褶。

29 均勻地將網紗抽褶別在褲腰線處。一邊小心地縫紉，一邊抽掉大頭針。

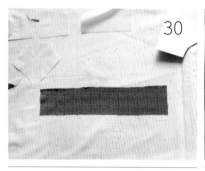

30 取出剪好長條形狀的布片作為褲腰。

31 將這條長條布豎著對摺。

32 蓋住網紗的縫紉線並和褲腰縫在一起。

33 將彈力線穿過髮夾，再用髮夾引著彈力線穿過剛剛縫好的長條布中間。

34 拉緊彈力線，再將兩邊縫上，褲腰完成。

35 接著將褲襠縫合。

36 記得鎖邊哦！

37 外圈的網紗也要縫起來。

38 拿出準備好的織錦帶，剪斷。

39 用打火機燒邊，以防抽絲。

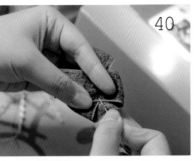

40 將織錦帶對摺後，在中間交叉的位置上縫一針。

41 將線抽緊，再縫幾針加以固定，製作成蝴蝶結。

42 將蝴蝶結縫在褲腳的兩邊，作為裝飾。

43 給娃娃穿上，看看效果。

44 先將上半身燙過單面軟襯的夾裡布前後的肩線縫上。

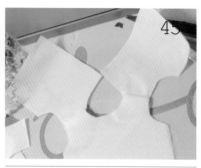

45 將兩邊肩線縫上後待用。

46 在兩片領子需要縫寬山道水兵帶花邊的地方用劃粉定位。

47 根據定位線縫花邊。

48 取出領片底布，將領片反過來與底布縫紉。

49 最上端的邊先不縫，然後將多餘的布料剪掉。

50 將領片翻至正面。

51 一片領片完成後的效果。

52 將這片領片和單層絲綿布片的領口對齊。

53 進行縫紉。用同樣的方法製作另外一邊領片。

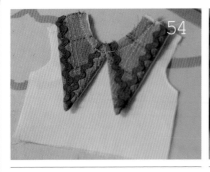

54 兩片領片都縫紉完畢。

55 接著將絲綿布片與上身的背面布片縫在一起。

56 同樣先縫兩邊的肩線。

57 肩線縫紉完畢。

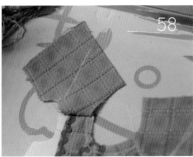

58 背面也有裝飾性的花邊,同樣要用劃粉來定位。

59 根據定位線將裝飾用寬山道水兵帶花邊縫在背面的布片上。

60 縫好後取出之前縫好的夾裡,蓋在正面。

61 將夾裡與正面縫合,只需縫兩側和領圈,不用縫底邊。

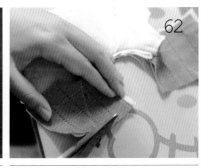

62 剪掉多餘的布邊。

63 翻過來並燙平。

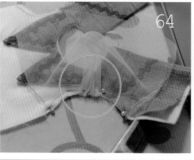

64 製作袖子。先用大頭針將網紗固定在袖籠處。在袖子靠近肩膀處，摺疊出褶皺並用大頭針固定。

65 一邊用縫紉機車縫，一邊隨著縫紉的進度將大頭針抽掉，縫好後翻過來。

66 袖口處也使用與褲腳處同樣的橙色蕾絲花邊進行裝飾。

67 同樣要進行抽褶哦！

68 將上身的腰兩側對齊。

69 然後車縫，從腰的兩側一直縫到袖口。

70 將多餘的布邊剪掉，袖子製作完成。

71 為上衣的下襬設計了抽褶裝飾，使用了與和褲子上的蝴蝶結同樣的織錦帶。

74 車縫後的效果。

72 在上衣的下襬摺疊出褶皺，並用大頭針固定。

73 使用細山道水兵帶花邊進行壓線。一邊車縫，一邊隨著壓線的進度抽掉大頭針。

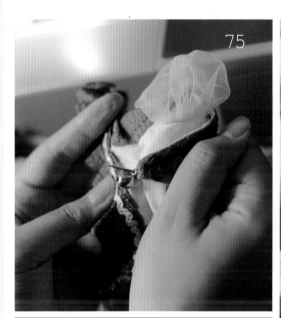

75 在領片的尖角處，縫上裝飾性的鈴鐺。

76-77 使用同樣的方法用藍色緞帶製作一個小的蝴蝶結。將緞帶的中間抽緊並固定，蝴蝶結製作完成。

78 選取一顆好看的裝飾性寶石。

79 與蝴蝶結一起縫在上身正面的中間位置。

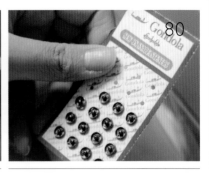

80 使用最小號的金屬暗釦。

81 縫在衣服的背面。

82 在左右兩條袖子上摺出褶，用針線加以固定。

83 同時縫上米珠，作為裝飾。

84 選 0.3cm 的真絲緞帶製作裝飾物。可先將緞帶當作線一樣穿到針上，這樣製作起來更方便。穿過米珠的中間，打一個蝴蝶結。

85 用同樣的真絲緞帶穿過袖口的橙色蕾絲花邊上的孔。將緞帶拉緊並打結，剪掉多餘的緞帶，製作成收口的效果。

86 上衣製作完成。

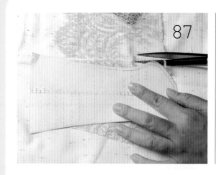

87 最後製作襪子。將寬彈力蕾絲布沿著襪子的紙板剪下。

88 對摺後用縫紉機沿著邊車縫。

89 車縫後翻過來。

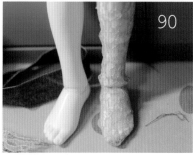

90 襪子製作完畢。

完工了!

仙子吊帶裙

美結豬屬於小尺寸的 BJD 娃娃，服裝比較誇張、可愛，更容易作出效果。這次我們就用大蝴蝶結提升可愛感，製作出可愛的吊帶裙。

作者：Akira- 兔子
文字 / 攝影：清水 baby

蝴蝶結 ×2

腰封 ×2

蝴蝶結帶子 ×1

裙襬 ×2

仙子吊帶裙紙型（美結豬尺寸）（紙型尺寸與實物尺寸的比例是 1：1）

所需材料

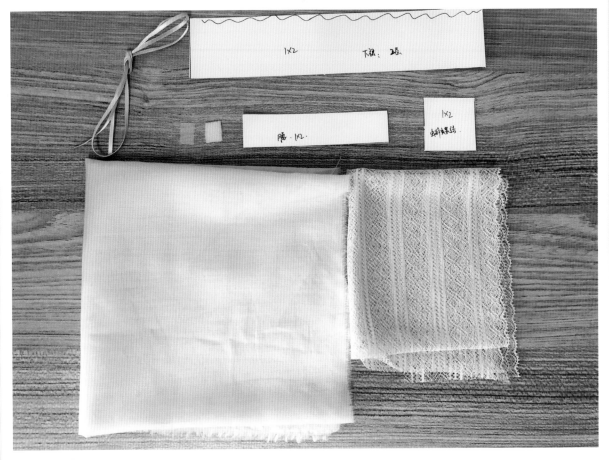

材料　　　　各種布料、蕾絲、緞帶和紙板等。

製作步驟

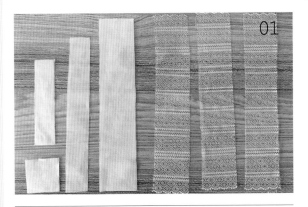

01 為了使裙子更蓬些，剪了 4 條用於縫製裙襯的布料。

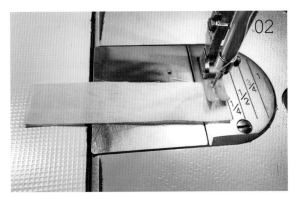

02 先做上衣吊帶的部分。先將兩片腰封疊放，將三邊縫合。

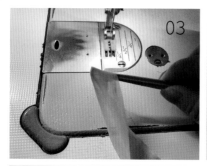

03 只留一邊開口並翻面。

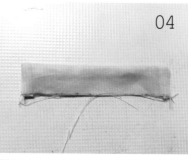

04 將正面翻過來。

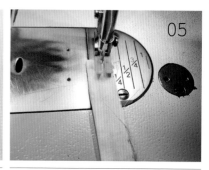

05 縫合底邊，縫好後放在旁邊待用。

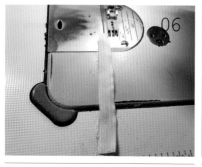

06 開始製作蝴蝶結的綁帶。將布條對摺，沿中心線縫合。布條如果剪得太細，在縫合時容易跑線。一般都預留比較多的布料，在縫好後再剪掉多餘的部分。

07 準備翻面。

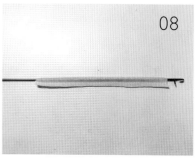

08 插入小號拉筋鉤。

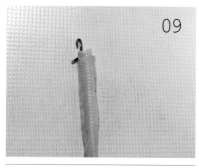

09 需要注意的是要把布穿在拉筋鉤鋒利的一邊。這樣就可以順利鉤住以便翻面。

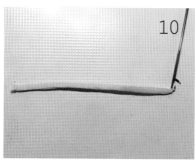

10 完全拉過來就是這個樣子，放在旁邊備用。

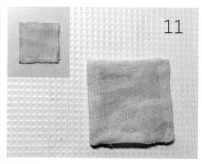

11 把做蝴蝶結的方塊布料對齊並縫合四周。注意要留一個 1cm 左右的翻面口。翻面後，再縫合 1cm 的翻面口。

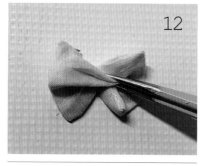

12 用鑷子把布料夾成蝴蝶結的形狀。

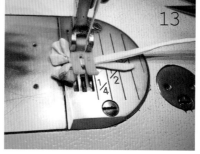

13 用剛才縫好的蝴蝶結帶子綁住蝴蝶結並縫合。此時可以根據自己的喜好，留出蝴蝶結綁帶的長度。

14 這一款我覺得還是不要有飄帶的好，於是我在後期把帶子剪掉了。

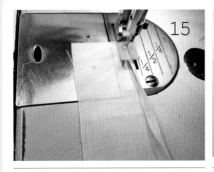

15 現在開始縫合裙襯的內層。將裙襯的三邊摺兩摺並縫合。

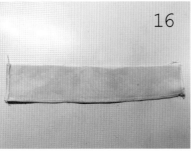

16 將裙襯的內層縫合。

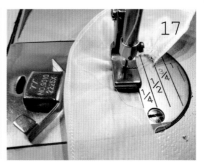

17 換上抽褶壓腳，將裙襯抽褶。

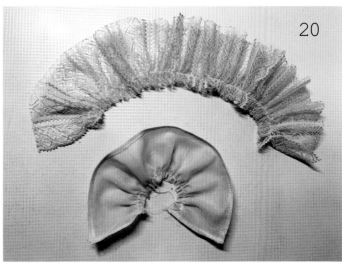

18 繼續抽褶蕾絲，可以不用斷線。

19 喜歡更蓬一些的朋友可以再多將一層蕾絲抽褶。

20 這是抽褶後裙襯的內層和外層。

21 將兩層裙襯縫合。

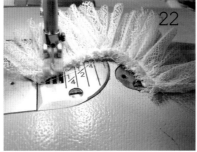

22 縫好後，記得反覆再扎一下，以免蕾絲的抽褶脫開。

23 將之前縫好的腰封部分與裙襯縫合。

24 縫合後發現線頭有點多,可以用小剪子修剪,適當塗上防綻液。

25 修整後的效果。

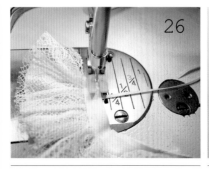

26 縫上緞帶作為吊帶。此時如果縫兩條,就是繫脖款,如縫4條,就是肩帶上繫蝴蝶結。

27 縫好後的效果。

完工了!

CHAPTER 4

第四章

華麗首飾

洛可可式珍珠項鏈

大家好，我是藍月。很高興可以在這裡與大家一起分享手工製作過程，希望可以給大家帶來靈感，一起為娃娃創作美好的飾品。

本次與大家分享的是娃用雙層珍珠項鏈的製作。珍珠製作的飾品可以將娃娃的服裝映襯得更加華麗，所以最近我製作的服裝都喜歡增加珍珠項鏈來點綴，你們也可以嘗試一下。

作者：藍月

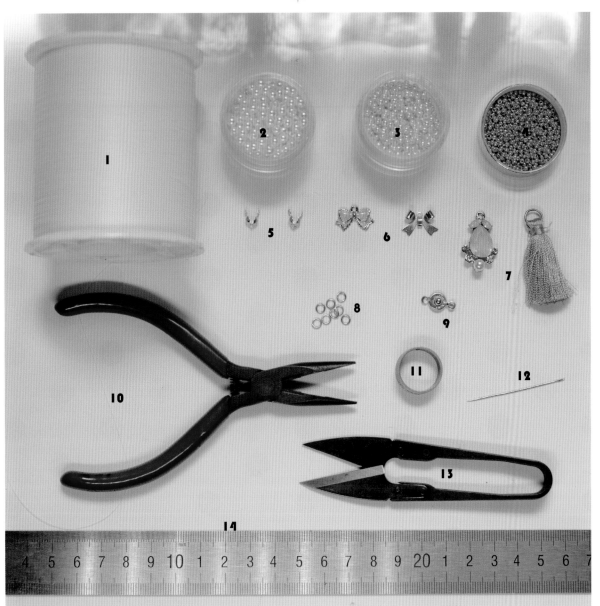

材料與工具	1. 堅韌不容易斷的尼龍線
	2. 珍珠（大一號）
	3. 珍珠（小一號）
	4. TOHO 金色米珠
	5. 金屬雙頭包扣
	6. 蝴蝶結吊墜飾品
	7. 吊飾和細線流蘇

8. 金色開口環
9. 金色扁圓按扣
10. 尖嘴鉗
11. 開口環戒指
12. 串珠針
13. 線剪
14. 鋼尺

02 串珠用的線要選擇韌性比較強的尼龍線，這種線非常堅韌。就算十分用力也不會拉斷，但是它又很細，可以穿過珠孔非常小的珠子。

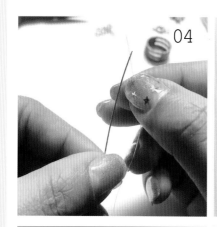

01 先設計這次要做的項鏈並畫出草圖。因為是給四分娃用的，所以可以在草稿本上按照 1：1 的比例畫。設計好具體的長度，在製作時就可以邊做邊對比。

03 這次項鏈製作中會用到這三種直徑的珍珠及米珠。米珠使用的是進口的 TOHO 牌的金色米珠。進口珠的好處是每一粒都一樣大小，十分均勻。

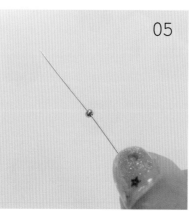

04 首先將細尼龍線穿過串珠針的尾部並打結。

05 開始穿第一顆 TOHO 金色米珠。

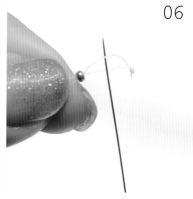

06 注意珠子即將到線的尾部時，用針在兩根線當中穿過並拉緊，在金珠上打一個活結。

07 這種配件叫雙頭金屬包扣。鼓起的地方可以包住金珠，兩頭的圈圈是用來穿環作成搭扣用的。

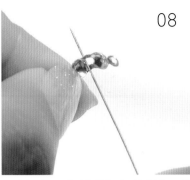

08 將金屬包扣倒過來，用針穿過。

09 拉到底部後金珠會卡在中間的洞上面，穿不過去。

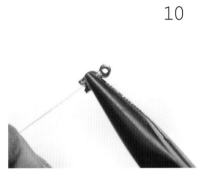

10 用尖嘴鉗將雙頭包扣捏緊。如果雙頭包扣質材較軟，用手也可以捏緊。這樣，金珠和線就卡在裡面不會掉出來了。可以繼續穿珠。

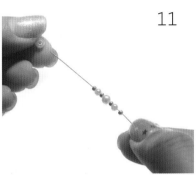

11 先製作內圈項鏈。根據我們的設計，按一顆小號珍珠、一顆米珠、一顆大號珍珠、一顆米珠的順序，用串珠針穿好。

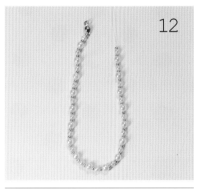

12 拉到底，將會發現這些珠子非常巧妙地被雙頭包扣卡住，不會滑落出來。按照這樣的順序，一直穿到設計的長度。

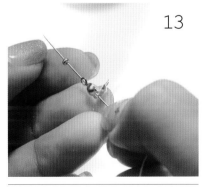

13 到達設計的長度後，先穿一個雙頭包扣。請注意，雙頭包扣要和開始的那一個雙頭包扣方向相反，是朝上穿過串珠針的，然後再穿一個 TOHO 金色米珠。

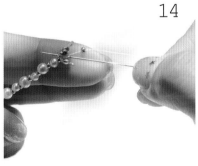

14 金珠快到底時將針反過來，再從雙頭包扣中間的洞穿出。

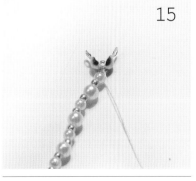

15 拉緊線後金珠就會卡在雙頭包扣中，然後繼續穿外圈項鏈。

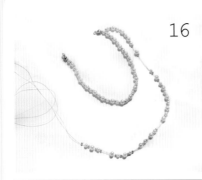

16 外圈項鍊的製作方式與製作內圈項鍊的方式是一樣的。穿到一開始設計的長度即可。

17 可以用尺測量一下串到需要的長度。

18 將捏緊的包扣打開，用細針將外圈項鍊上的線從雙頭包扣中間金色米珠的洞裡穿過去。

19 將線拉緊並打結，這裡需要多打幾圈，以確保結頭夠大，不會從金珠中間的孔拉出來。

20 再將雙頭包扣捏緊，項鍊的大致形狀已經完成。

21 根據設計，項鍊上需要掛一些裝飾物，使用的是開口圈輔助工具——開口環戒指。

22 用尖嘴鉗捏住開口圈後，將其插入戒指的縫隙裡，反方向一撥，開口環即可打開。

23 將打開後的開口圈掛在項鍊最中間的珍珠孔裡。

24 將準備好的掛飾掛在開口圈裡，捏緊開口圈。

25 用同樣的方法，將蝴蝶結吊墜掛在內圈項鍊的中間。

26 內外圈項鍊中間的掛飾都已經掛好。

27 用開口環戒指將另外兩個開口圈打開，在項鍊的兩側掛上吊墜。

28 選取兩個對稱的飾品，用同樣的方法將其掛上。

29 用另一個開口圈穿過雙頭包扣的環，準備製作項鍊的搭扣。

30 掛上扁圓按扣，另外一邊也用同樣的方法穿上一個開口圈。

31 項鍊製作完成。讓我們看看戴在娃娃身上的效果吧！

作者：清水 baby

2 水之韻夢幻項鏈

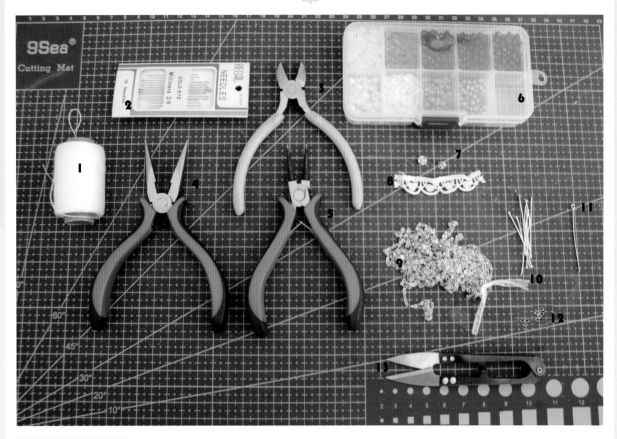

材料與工具

1. 縫紉線
2. 針
3. 刀口鉗子
4. 齒口鉗子
5. 圓頭鉗子
6. 各式珠子
7. 暗釦

8. 蕾絲
9. 銀色珠鏈
10. T 針
11. 9 針
12. 連接環若干
13. 小剪刀

穿珠子的方法

01 將銀色珠鏈剪到合適的長度。

02 將珠子穿在 T 針或 9 針上，然後用圓頭鉗夾住
針尾。

03 將針尾輕輕彎成圓形，留個小口以便掛在要連接的地方。

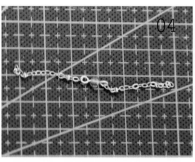

04 再用 9 針穿一個藍珠，將其連接在剪好的銀色鏈子上。

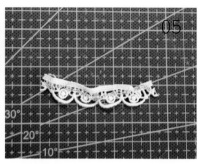

05 放在蕾絲上面，確定珠子是不是在中間、長度夠不夠。

06 用白線將鏈子與白色蕾絲的一端縫在一起。

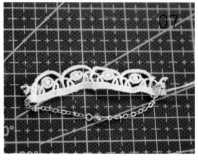

07 不用斷線，將暗釦縫在蕾絲的一端。

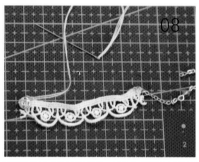

08 可以在另一邊先縫暗釦。注意不要將兩顆暗釦縫在同一面。

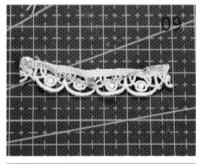

09 再將鏈子與蕾絲也縫在一起。

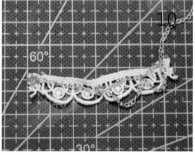

10 簡單款的話，到這裡就結束，但是想讓它更華麗一些的話，將鏈子比一下，測量出下垂部分的長短。

11 將連接環穿在鐵鏈上。

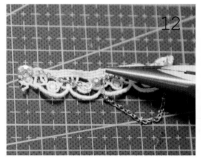

12 與之前做好的部分相連接，然後用鉗子將連接環的開口夾緊。

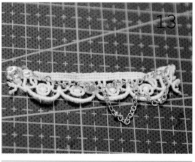

13 用三個連接環將新的鏈子與之前的鐵鏈連接。

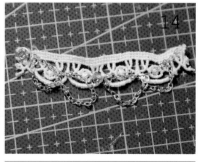

14 左側用同樣的方法做好。

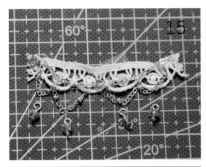 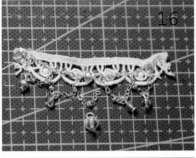 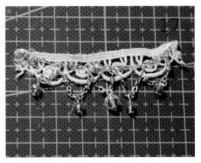

15 將四個藍色水晶珠穿在 T 針上並掛在鏈子上，注意確保水晶珠在鏈子中間的部分。

16 感覺中間有點空，可額外增加一顆稍大的白色水晶珠。

17 製作完成。

效果圖

完工了！

巴洛克式奢華皇冠

3

妝師：叉叉子
作者：丟丟銀子

喜歡手作的丟丟銀子，這次給大家帶來了超級簡單的"小皇冠"教程。只需十個步驟你就可擁有高端、大氣、高檔次的小皇冠！自己動手豐衣足食，趕快幫心愛的娃娃們裝扮起來吧！

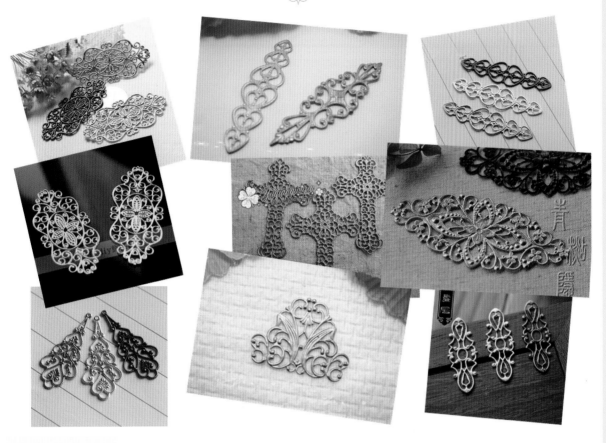

材料與工具　銅花片：在網路上可以搜索到許多款式，但能做底圍的可能不太多。大家可以根據喜好選用。

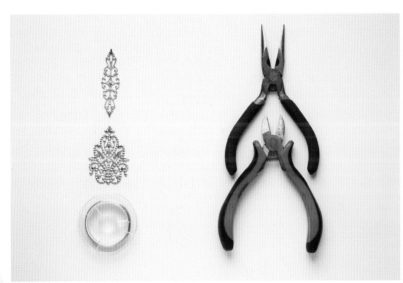

鉗子：必備品。

銅絲：案例中用的是直徑 0.3mm 的銅絲，0.25mm 的也可以。

按照圖示備齊所有的東西。銅花片的數量不是固定的，要根據娃娃的頭圍來增減。此書中以小布為準——底圍用 6 個花片製作出的皇冠有點小，8 個會直接變成項圈，7 個則是剛剛好。其他娃娃請根據頭圍的大小來增減。

01 先把銅絲剪成小段備用，長度隨意。

02 將兩個花片連接在一起，先連接一端。用銅絲纏繞 2 到 3 圈。

03 纏繞之後將它們扭在一起。

04 把多餘的銅絲剪斷，將銅絲尾部向裡面卡入銅片中，壓平。

05 另一端也如此操作，這樣兩片就連接在一起了！

06 用和步驟 02 到步驟 05 同樣的方法將其他的花片連接起來。

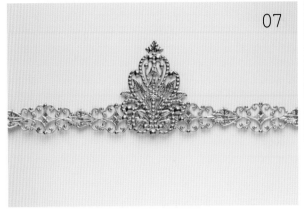

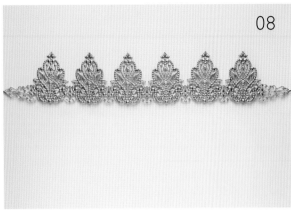

07 連接大花片，按步驟 03 將它們連在一起。大花片的位置可根據自己的喜好擺放。

08 將 6 個都連接起來。

09 現在用第 7 個花片將皇冠首尾相連，製作完成！

10 你學會了嗎？別忘了還可以貼上自己喜歡的水鑽，加油！

CHAPTER 5

第五章

搭配小物

復古時尚工裝靴

作者：Cookie Li

所需材料與工具

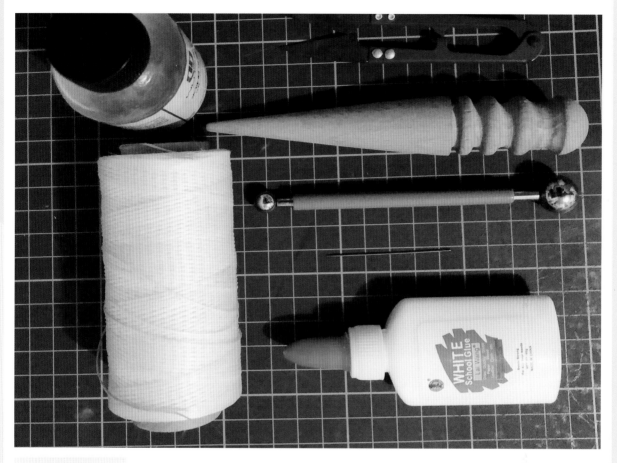

材料與工貝	植鞣革、蠟線、皮革圓頭針、塑形棒、皮革膠和皮革封邊液。

紙型圖

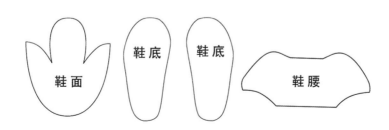

復古時尚工裝靴紙型
（美結豬尺寸）（紙型尺寸與實物尺寸的比例是 1：1）

01 根據不同的娃娃尺寸打版。為了保證適合自己娃娃的尺寸，請注意鞋底要大於娃娃的腳，沿著娃娃的腳打孔，預備之後縫合。

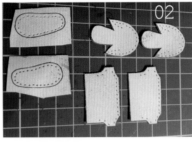

02 打完版後開始裁剪。大致如圖所示，請根據自己娃娃的具體情況裁剪。

03 開始縫合，縫合需要的工具是蠟線和皮革圓頭針。沿著打出來的孔縫合，後跟不要完全縫合，留一點空間來塑形。

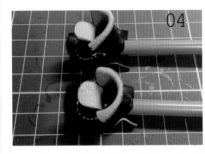

04 縫合完畢後，用塑形棒開始塑形。從剛才留的縫隙裡把塑形棒插入，然後把鞋子泡在冷水中，浸泡 30 秒。

05 塑形之後可以看出鞋頭已經是很可愛的圓形，耐心等待鞋子晾乾，然後開始縫合後跟。

06 塑好形之後，按照喜好和需求開始裁剪邊角，修整一下具體的形狀。為了不在鞋底露針孔，把另一個鞋底用皮革膠貼好。

07 等乾後，修飾鞋邊，打磨並塗上皮革封邊液。

08 娃娃鞋製作完成。

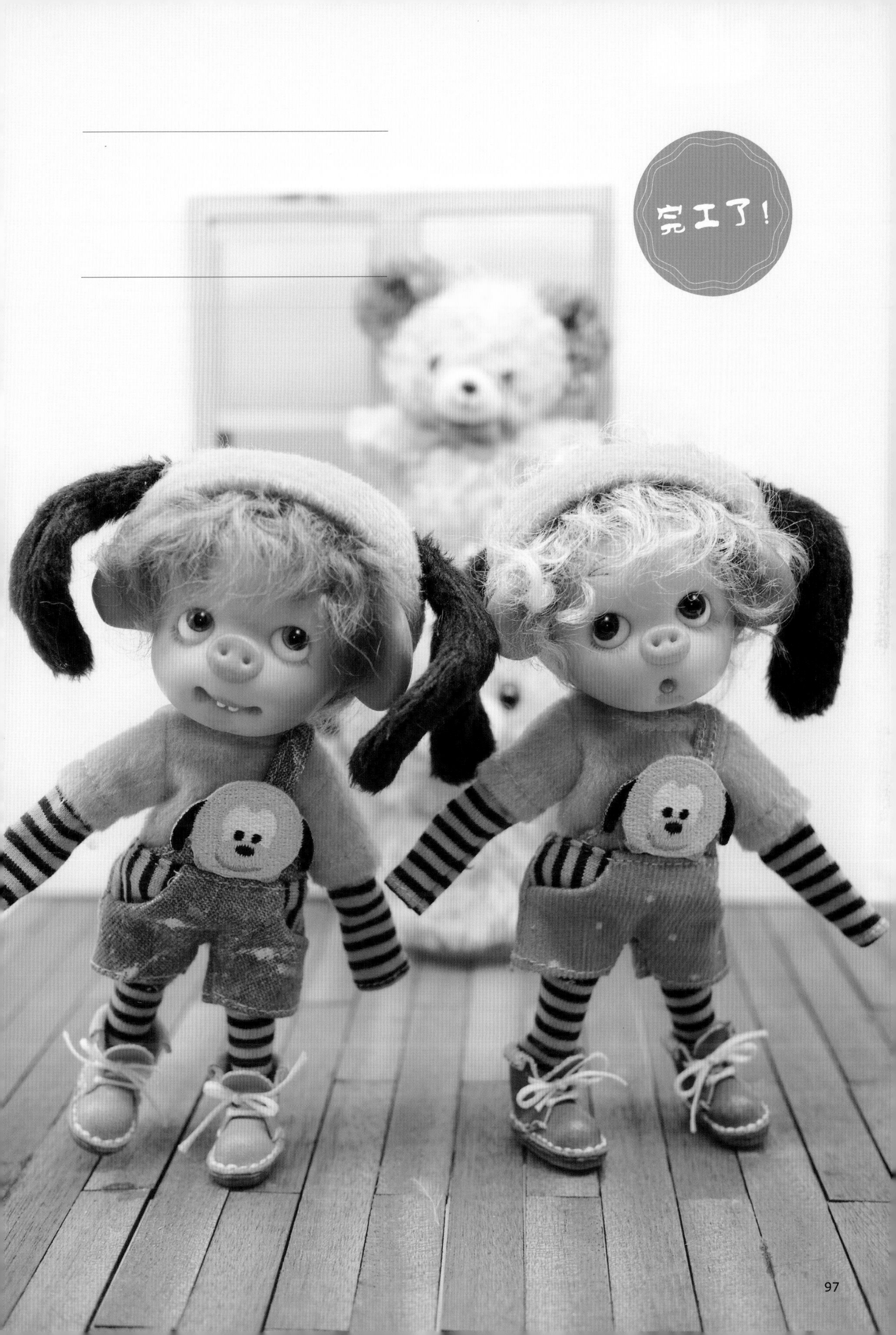
完工了！

英倫網紗小禮帽

非常簡單，但是又非常有效果的小禮帽，可以和各種娃娃衣搭配，搭配出不同風格。剛好之前答應過一個小夥伴做個小禮帽，正好就在這裡分享給更多娃友。

作者：dou 某人

所需材料與工具

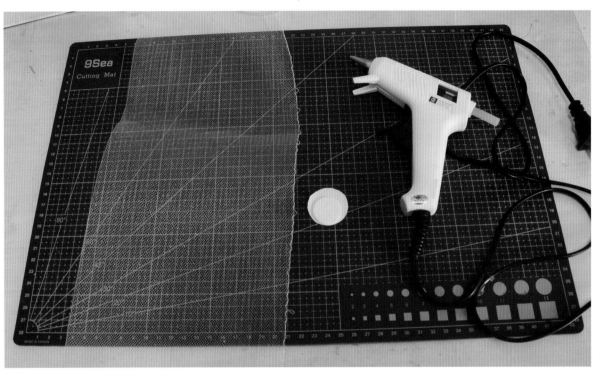

材料與工具	網紗彈力網、不織布片、熱熔膠槍、針線。

製作步驟

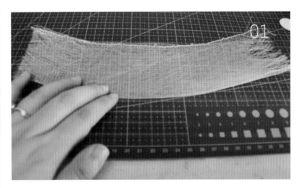

01 首先將網紗對摺並熨燙。

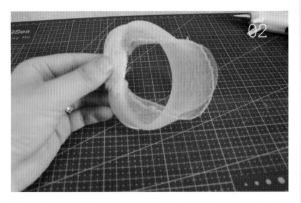

02 將對摺後的兩頭對接，用針線縫在一起，最好使用縫紉機。

03 網紗是有伸縮性的，調整網紗。

04 從上到下將沒有對摺熨燙那一側的邊緣，都
固定在之前車縫的位置。

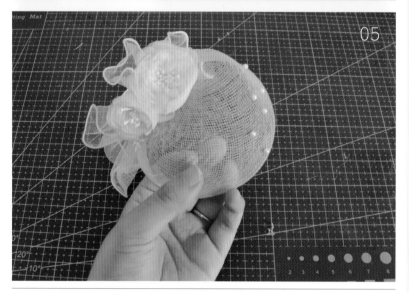

05 在網紗上縫上喜歡的裝飾品，擋住縫線的痕跡。

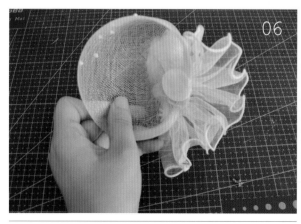

06 把不織布片用熱熔膠槍黏貼在背面，擋住縫線的痕跡。

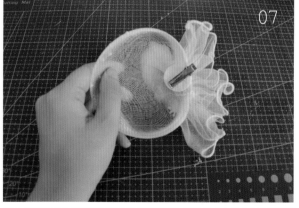

07 最後再用熱熔膠槍把小夾子黏貼在不織布上，大功告成！

浪漫玫瑰花束

大家好，今天我來分享給大家燙花小技巧。娃娃比真人小，為了讓他們拿上大小適合的花束，最好手工製作。只有手工製作，花束的大小和顏色才比較好控制。

作者：悠悠

所需材料與工具

燙花器、布料、固體水彩、燙墊、剪刀、白乳膠、畫筆、水杯、調色盤、舊報紙、棉花和細鐵絲等。

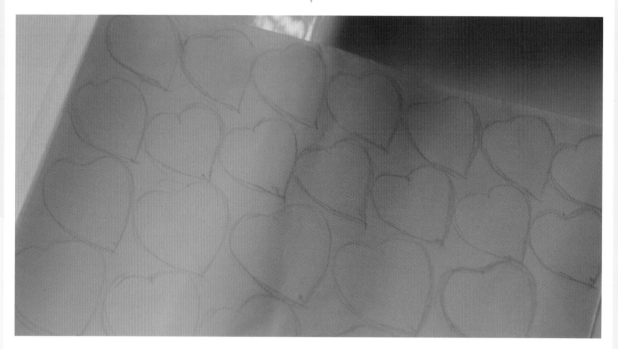

做布花的布料沒有特別的限制，比較薄的真絲、棉布、府綢等都可以。在做布花之前先要把布料上漿。上漿的方法是用白乳膠和水，以 1：8 的比例調勻，把布料浸濕、浸透，然後擰乾、晾曬並熨燙平整即可。如果對於上漿沒有把握，也可以購買已經上好漿的布料來做。我這裡用的就是已經上好漿的新府綢。在布料上畫好大花瓣、小花瓣、葉片和花萼，注意在畫這些形狀的時候，要順著布料的 45 度角畫，這樣做出來的花瓣和葉片不容易有毛邊。

製作步驟

01 剪好的花瓣、葉片和花萼備用。這些形狀不用完全一致，只要形狀差不多就可以，這樣會顯得更加自然一些。

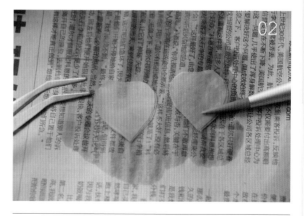

02 將花瓣上色，布料薄的話可以數片疊在一起，同時上色。先把花瓣用水打濕，在它的底部染上淺黃色並且暈染到上面。

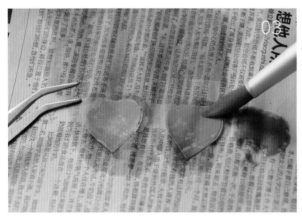

03 再將底部黃色的基礎上加點綠色。用紅色和橙色調勻，在花瓣的上半部上色。關於給花瓣上什麼顏色，其實沒有固定標準，只要自己喜歡就好。

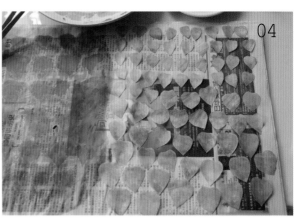

04 花瓣全部上色後，一片一片分開來晾乾。

05 將葉片和花萼上色前，把葉片和花萼用水打濕。

06 葉片的顏色用稍微深一些的綠色，邊緣加一些黃色，以加強自然的感覺。

07 剪兩條真絲的布條作為枝條的貼布。

08 給貼布染上顏色，這個顏色與葉片的顏色相同。

09 將全部上好顏色的大花瓣、小花瓣、葉片、花萼和貼布放在旁邊，備用。

10 顏色都上好後，開始燙花。圖中用的是直徑 1.6cm 的圓鏝。燙器的溫度上來後，把圓鏝燙頭從花瓣的中間壓下去，然後慢慢往下拉。注意熨燙時在花瓣上沾點水，效果會更好。

11 燙好的花瓣會有著漂亮的弧度。

12 把大花瓣反扣過來，用小號的瓣鏝燙出反轉的捲邊。小花瓣就不需要燙捲邊花萼也用小號的瓣鏝燙，燙出凹形即可。

13 將燙好的花瓣和花萼放在旁邊，備用。

14 製作葉子時要用細鐵絲，這裡用的是 26 號的綠色鐵絲，因為已經有顏色，不需給鐵絲上色。如果買到的是白鐵絲，就需要給鐵絲上色，顏色和葉子的顏色相同。鐵絲的前端塗上白乳膠，貼在葉片的背面。

15 用刀鏝燙出葉子的脈絡，正面和反面都要按壓一下，盡量燙得自然一些。

16 葉子全部燙好後放在旁邊，備用。

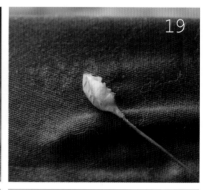

17 開始製作花。取一段鐵絲，在上方 1cm 左右處塗上白乳膠，纏上棉花，當作花蕊的填充物，盡量飽滿一些。

18 取一片小花瓣，在內部四周都塗上白乳膠。

19 將小花瓣貼在棉花蕊上，包緊。

20 用同樣的方法貼第二片花瓣，在相反的方向包緊，不要露出棉花，形成一個小花苞。

21 在花苞的外面，貼上捲過邊的花瓣。一片壓一片的貼，要順著統一的方向。

22 貼好花瓣的花朵，第一層是三片、第二層是四片、第三層是五片，製作完成。

23 做花萼。把棉花纏在花朵的下方，用白乳膠固定，纏得飽滿一些。

24 將燙好的花萼片包住棉花並使用白乳膠固定，盡量纏緊，不要露出棉花。

25 做枝葉。取三片葉子，高低交錯地放在一起。用貼布把它們纏在一起並用白乳膠固定，盡量纏緊一些。

26 枝葉完成，打開來就是這樣的。

27 花朵、花苞和枝葉都做好，備用。注意，花朵和花苞可以做成大小不一的尺寸，這樣比較自然。

完工了！

最後把花朵、花苞和枝葉
全部都組合在一起，
用貼布纏緊，玫瑰花束完成。

CHAPTER 6

第六章

宜人宜家

歐式公主床

作者：從前有只曾碧蟲

看起來高大的娃娃用歐式床，不要 999，也不要 99，只需要大家在網路上都能買到的相框就可以了，這個創意是不是真的的非常大呢？感謝從前有只曾碧蟲給我們帶來的這個歐式娃娃床，但願所有的娃娃都能安睡。

所需材料與工具

必備的原材料就是相框，網上的相框一般有兩種，一種是樹脂相框，質感類似石膏。優點是質感厚重，但是切割、打磨困難，本書中使用的就是這種樹脂相框。另一種是 ABS 相框，是塑膠質感，切割非常容易，只需一把美工刀。缺點是這種相框的背面是空心的，需要自己加背板。切割這種材質相框，上手快。推薦新人用這種相框做床主體。

材料與互具

1. 歐式相框
2. 一塊 7mm 厚的 PVC 板，PVC 材料十分容易切割，使用美工刀即可
3. 3mm 厚的輕木板或者 PVC 板
4. 美工刀
5. 電磨筆
6. 膠水
7. 微縮床腳、串珠或抽屜把手
8. 噴漆或丙烯顏料

製作步驟

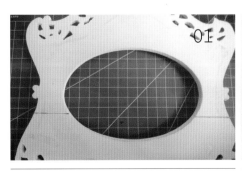

01 用美工刀去除背板，在背後畫一條切割線。

02 使用電磨筆切割，過程中粉塵會到處飛，強烈推薦大家用 ABS 材質的相框。

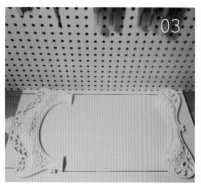

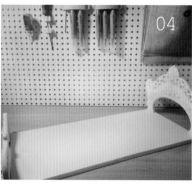

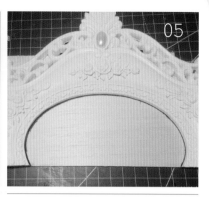

03 根據相框的寬畫出床板的寬度，切割 PVC 板。

04 調整床板並打磨。

05 在木板上畫出床頭、床尾的背板並用膠水固定，有心思的朋友可以用皮革做軟包。

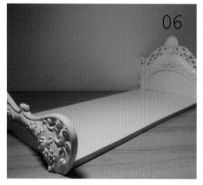

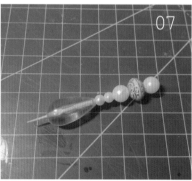

06 把床體固定之後，進行打磨、上漆。

07 沒有買到床腳的，可以使用一些串珠替代。用牙籤串珠，順著牙籤滴入膠水加以固定，統一上色即可。這裡使用抽屜把手做床腳。

08 用紅銅色（褐色）和黑色丙烯混合，用畫筆蘸取顏料，將筆上的顏料蹭在紙上，用乾的畫筆刷床頭、床尾的花紋，就能做出做懷舊的感覺。

09 最後把床體和床腳固定，鋪上床上用品即可。

完工了!

113

四葉草小椅子

作者：艾利 公主蒄

所需材料與工具

材料與工具　　　剪刀、手工紙、熱熔膠槍、膠水、直徑為 2.5mm 的棉線、鐵絲、鉗子和針。
進階版本小椅子的製作需要準備：刻刀、天鵝絨布料、海綿和灰板紙。

製作步驟

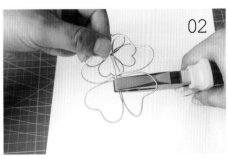

01 繪製結構圖，總共分為三個部分，四葉草、椅面、椅子腿。

02 按照所繪圖案，將鐵絲塑形。

03 在鐵絲零件的銜接處用細鐵絲進行纏繞以加強固定。

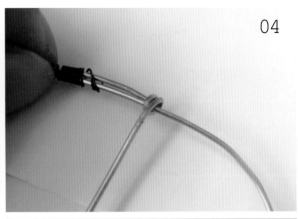

04 需要注意的是盡量纏緊密些，不要留有過多空隙。

05 將所有配件定型完成，準備組裝。

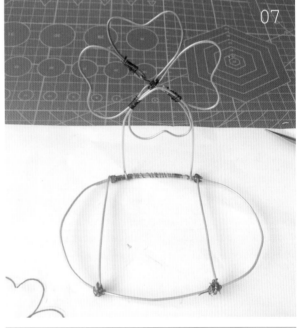

07 用細鐵絲將四葉草和椅面部分進行銜接纏繞。

06 椅背高度可以靠調解鐵絲長短進行增減。

08 最後將四根椅腳連接在椅子上。

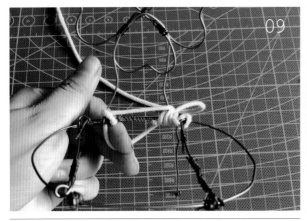

09 使用直徑 2.5mm 粗的棉線將組裝好的小椅子進行繞線修飾，可以用緞帶代替。一方面是加強固定，另一方面是為了美觀。

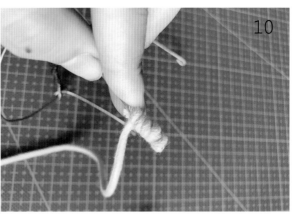

10 繞線的時候可以把線頭繞進去或者簡單打結固定，再將多餘線頭剪掉。

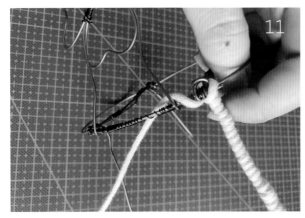

11 將椅腳繞線時需要注意的是盡量從下往上繞，這樣可以把線頭藏進椅面。

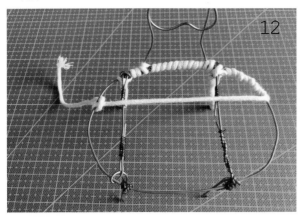

12 如圖中的結點部分可以繞過去，用細緞帶打蝴蝶結進行遮蓋。

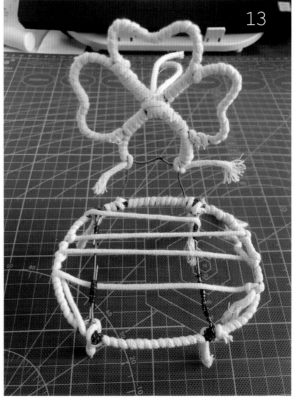

13 在繞線的過程中，可以對椅面進行加強固定。橫豎都可以，隨意拉幾條線即可。

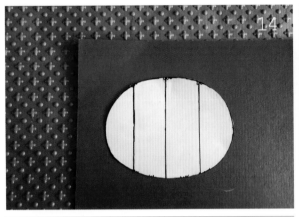

14 椅面的軟包部分。將紙樣裁好。一般分三個部分，椅面用簡單的手工紙即可，進階版本可以選擇天鵝絨。內襯選擇硬紙殼或灰板紙，底面可選擇和椅面一樣的材料。

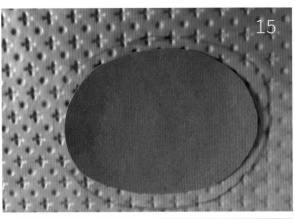

15 椅面部分要比紙樣稍微大些。

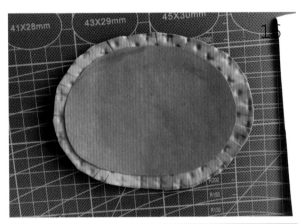

16 邊緣部分如圖剪好，方便黏合。

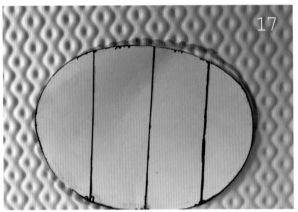

17 底面部分按照紙樣大小剪裁。

18 如圖，用熱熔膠槍在椅面上畫個十字。

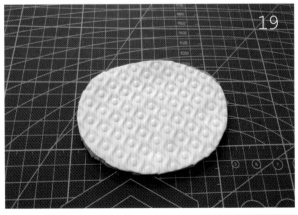

19 將椅面和底部貼在一起。

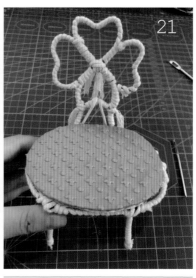

20 進階版本的原理和上面的圖示一樣。需要準備天鵝絨布、灰板紙和海綿。

21 簡易版本的成品。